Discovery Education 探索·科学百科（中阶）

2级A2 现当代著名建筑

全国优秀出版社
全国百佳图书出版单位

广东教育出版社

学乐

中国少年儿童科学普及阅读文库

探索·科学百科™
中阶

现当代著名建筑

2级A2

探索·科学百科

[澳]尼古拉斯·布拉克⊙著

邹帆(学乐·译言)⊙译

DISCOVERY
EDUCATION™

全国优秀出版社
全国百佳图书出版单位
广东教育出版社

广东省版权局著作权合同登记号

图字：19-2011-097号

本书原由 Weldon Owen Pty Ltd 以书名*DISCOVERY EDUCATION SERIES · Triumphs of Engineering*（ISBN 978-1-74252-177-0）出版，经由北京学乐图书有限公司取得中文简体字版权，授权广东教育出版社仅在中国内地出版发行。

图书在版编目（CIP）数据

Discovery Education探索·科学百科. 中阶. 2级. A2，现当代著名建筑/ [澳]尼古拉斯·布拉克著；邹帆（学乐·译言）译. —广州：广东教育出版社，2014.1

（中国少年儿童科学普及阅读文库）

ISBN 978-7-5406-9318-3

Ⅰ.①D… Ⅱ.①尼… ②邹… Ⅲ.①科学知识—科普读物 ②建筑史—世界—少儿读物 Ⅳ.①Z228.1 ②TU-091

中国版本图书馆 CIP 数据核字(2012)第154075号

Discovery Education探索·科学百科（中阶）
2级A2 现当代著名建筑

著 [澳]尼古拉斯·布拉克　译 邹帆（学乐·译言）

责任编辑 张宏宇　李　玲　丘雪莹　**助理编辑** 能　昀　于银丽　**装帧设计** 李开福　袁　尹

出版 广东教育出版社
　　　地址：广州市环市东路472号12-15楼　邮编：510075　网址：http://www.gjs.cn
经销 广东新华发行集团股份有限公司　　　　　　　　**印刷** 北京顺诚彩色印刷有限公司
开本 170毫米×220毫米　16开　　　　　　　　　　　**印张** 2　　　　**字数** 25.5千字
版次 2016年5月第1版　第2次印刷　　　　　　　　　**装别** 平装

ISBN 978-7-5406-9318-3　　定价 8.00元

内容及质量服务 广东教育出版社 北京综合出版中心
　　　　　电话 010-68910906　68910806　　网址 http://www.scholarjoy.com
质量监督电话 010-68910906　020-87613102　　**购书咨询电话** 020-87621848　010-68910906

目录 | Contents

世界各地的现当代著名建筑·············6

英法海底隧道·················8

巴拿马运河···················10

里约热内卢耶稣像···············13

水坝·······················14

悉尼歌剧院···················16

埃菲尔铁塔···················18

自由女神像···················20

拉什莫尔山···················22

圣路易斯拱门·················25

摩天大楼····················26

现代奇观时间表················28

互动

打造你自己的建筑···············30

知识拓展················31

世界各地的现当代著名建筑

人类有着惊人的本领，能够建造出其所能想象到的最高、最大、最独特的建筑。人类的建筑史已经延续了几千年，想想埃及的金字塔吧。这些人造的建筑，有的有实际用途，有的则仅供观瞻。不论建造的目的如何，这些建筑中的确有很多举世闻名之作。

北美洲

大西洋

南美洲

1.英法海底隧道

这一隧道是英法合作项目，用于连接两国。

3.里约热内卢耶稣像

这尊硕大无比的宗教雕像俯瞰着里约热内卢。

2.巴拿马运河

它是大西洋和太平洋间的一条捷径。

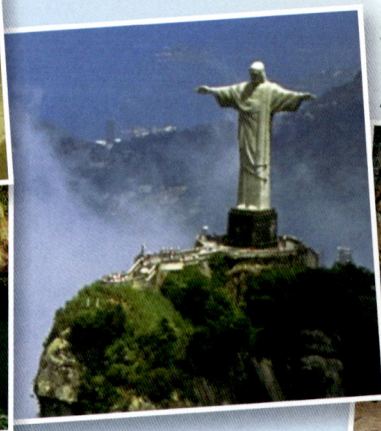

4.胡佛大坝

这座大坝为美国的三个州输送电能。

10.圣路易斯拱门

这座纪念碑是美国密苏里州圣路易斯市最著名的标志。

欧 洲

亚 洲

太平洋

非 洲

印度洋

8

澳 大 利 亚

5

9.拉什莫尔山

位于美国南达科他州的这座山上雕刻着4位美国总统的肖像。

遍布世界各地的伟大建筑

世界上几乎每个国家都有值得观赏和研究、令人称奇的建筑。这张地图标注出了本页中提到的著名建筑的位置。

5.悉尼歌剧院

造型新颖、酷似船帆的悉尼歌剧院与悉尼港毗邻。

8.吉隆坡双子塔

位于马来西亚，是目前世界上最高的双子楼。

7.自由女神像

这座雕像是法国赠送给美国的礼物。

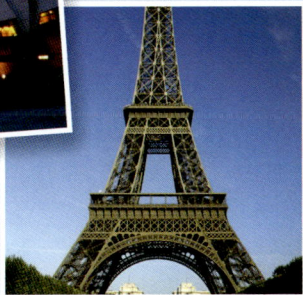

6.埃菲尔铁塔

这座塔是法国巴黎最著名的标志。

1.重大进展

1989年，工程取得里程碑式的进展。建筑工人们从福克斯通开始掘进，抵达位于英国海岸的多佛。此处距起点8千米。

2.隧道规模

三条分隧道长度均为50千米，其中38千米在海底，位于英吉利海峡海床下40米处。

英法海底隧道

早在 1802 年，就有人计划要在英法两国间建造一条隧道。然而，战争和工程难题使得这一计划被取消。直到 1987 年，隧道建设工程才得以重启。隧道于 1994 年 5 月 6 日正式通车。整个隧道由三条分隧道组成——两条通行列车，另一条用于运送隧道养护人员和车辆。英法海底隧道连接了英国福克斯通[1]与法国科凯勒[2]。

1.福克斯通，英国肯特郡的一个城市。
2.科凯勒，法国加莱海峡省的一个城市。

圣潘克勒斯国际火车站

圣潘克勒斯国际火车站是欧洲之星列车位于伦敦的终点站。欧洲之星连接伦敦和巴黎，途经英法海底隧道。

3.半路相逢

　　1991年6月28日，巨大的盾构机[1]打通了岩层最后一块区域，英法两国的工作人员握手言欢。此时距隧道正式通车还有三年时间。

1.隧道掘进的专用工程机械。

自隧道通车后，平均每天约有 43 000 人穿行其中。

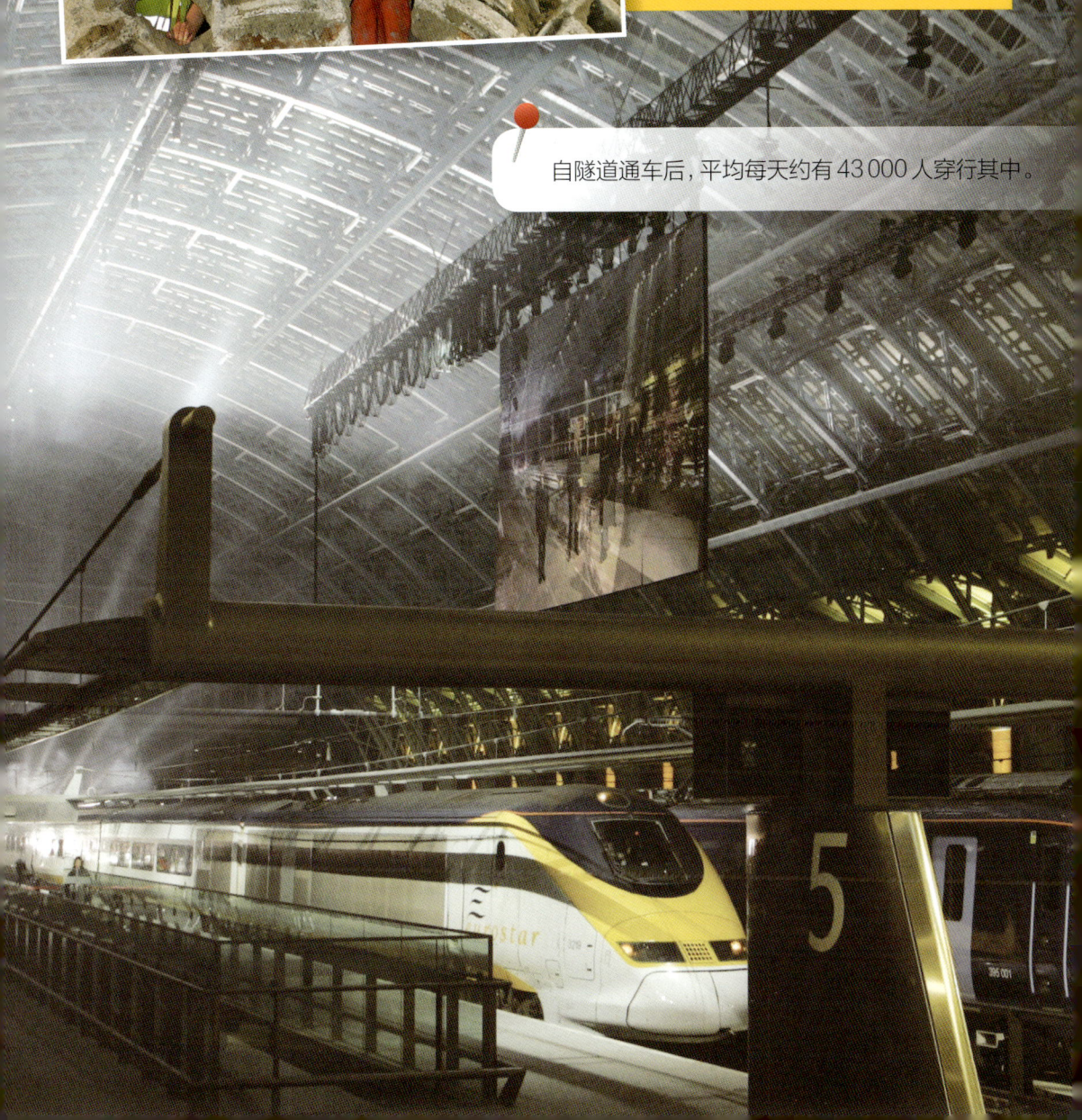

巴拿马运河

巴拿马运河是一条长 80 千米的航道，连接了太平洋和大西洋。巴拿马运河未建造之前，来往于两个大洋之间的船只必须绕道南美洲最南端。早在 16 世纪，就有人计划在巴拿马附近建造一条运河。

大西洋
加勒比海
加通船闸
北美洲
大西洋
南美洲
太平洋
加通湖
皮德罗米古尔船闸
米拉弗洛雷斯船闸
巴拿马城
巴拿马

注释
→ 1914年前的路径
→ 1914年后的路径
太平洋

捷径

经由巴拿马运河航行，需要 10~15 小时，节省约 12 875 千米的路程，更节省了北美洲东西海岸之间的航行日程。

运河船闸

运河在一片高低不平的地面上开凿，由三套船闸装置控制船只提升和降低。加通船闸临近大西洋入口处，皮德罗米古尔船闸和米拉弗洛雷斯船闸则位于太平洋入口附近。

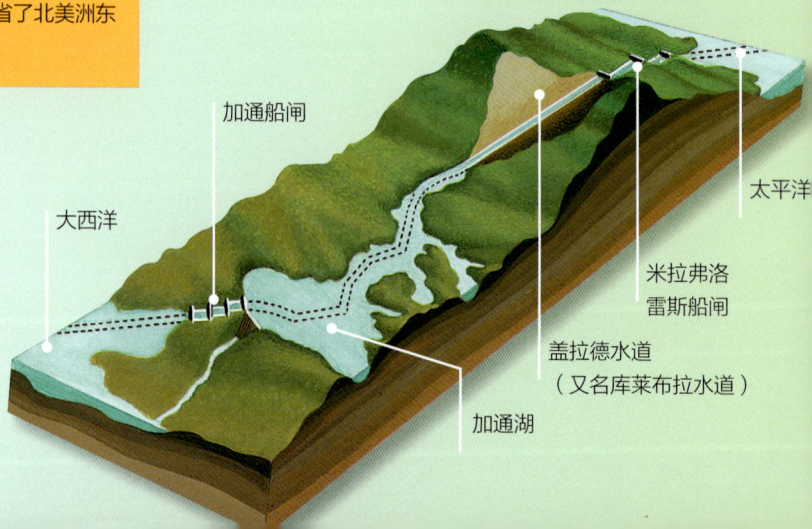

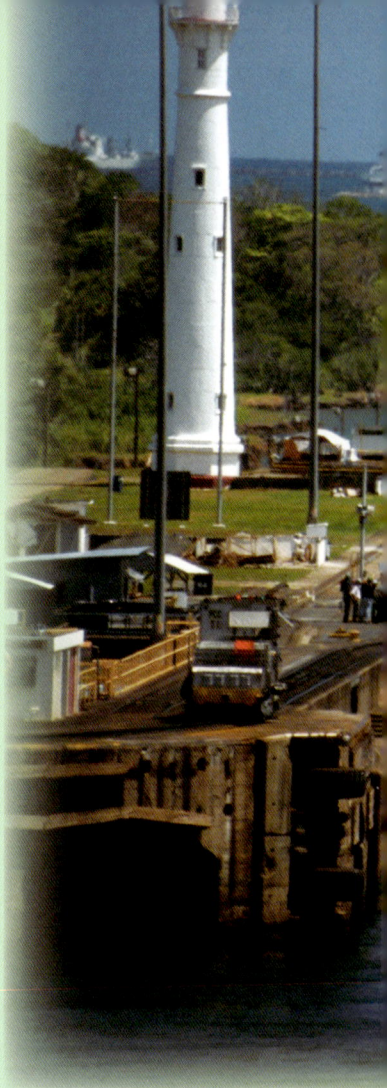

加通船闸
大西洋
太平洋
米拉弗洛雷斯船闸
盖拉德水道
（又名库莱布拉水道）
加通湖

提升和降低

　　船只进入运河后，船闸将船只从海平面（太平洋或大西洋）提升至加通湖海拔高度——26 米；出运河时，再把船只水平面降低。

库莱布拉水道

　　将近 40 000 名工人伐木，开山，过沼泽，开凿了巴拿马运河。库莱布拉水道是其中最为复杂的工程段之一。开凿水道时，为了松动岩石和土层，必须引爆炸药，然后用蒸汽铲把石块和渣土运送到垃圾场。

里约热内卢耶稣像

俯瞰巴西里约热内卢的耶稣像是一座用混凝土和皂石建造的巨大雕像。20世纪20年代，天主教会募集捐款修建了这座雕像。2007年，里约热内卢耶稣像成为"世界新七大奇迹"之一。整座雕像重达600吨，高约38米，双臂跨度约30米。

王冠

避雷针

耶稣像的头顶戴着一顶荆棘王冠，同时也是避雷针。滑石保护雕像免遭闪电破坏。工人们会临时搭建脚手架，用高压水枪清洗雕像。

清洗雕像

水坝

水坝是人工建造的，用于拦截河流的建筑物。水坝可以把水存蓄起来，也可以把水引向不同的水道。建造水坝的目的在于防洪、蓄水和发电。虽然水坝的用处很大，但也会对周围的环境和水生物种产生不利影响。

三峡大坝

中国的三峡大坝是世界上最大的水利枢纽工程，它包括主体建筑物工程及导流工程两部分。1994年12月14日正式动工修建，2006年5月20日建成。三峡大坝是世界上规模最大的混凝土重力坝，坝顶总长3 035米，坝顶高程185米，正常蓄水位175米，总库容393亿立方米，其中防洪库容221.5亿立方米，能够抵御百年一遇的特大洪水。

胡佛大坝

胡佛大坝位于美国内华达州和亚利桑那州交界处，建造于20世纪30年代。大坝将科罗拉多河水引入农田，同时也具备发电能力。建造这座大坝耗费了500多万桶混凝土。

伊泰普大坝

　　伊泰普大坝是世界上最大的水电大坝之一，位于南美洲的巴西和巴拉圭之间的界河——巴拉那河[1]上。伊泰普大坝高196米，宽8 000米。

1.巴拉那河：世界第五大河，年径流量7250亿立方米。

悉尼歌剧院

悉尼歌剧院建造时间为 1963 年~1973 年，1956 年曾为它专门举办了一个国际设计大赛。胜出的设计者力图让歌剧院与其所在地——悉尼港融为一体，因此将它的屋顶设计成标志性的船帆形状。如今，悉尼歌剧院已是澳大利亚最著名的标志，也是悉尼市古典音乐和戏剧的主要演出场地。

船帆排骨

钢索将混凝土块串接起来，然后拉紧以加固船帆。

各种设计要求

悉尼歌剧院的建造十分复杂。建筑师们既要考虑建筑的外在美观性，也要考虑内部舒适性。同时还得考虑音乐厅和剧院的声效质量。

混凝土基座

厚重的混凝土基座带有墨西哥古寺风格。

歌剧院内部

歌剧院内共有 6 个主要的表演和录制场地，前厅也可用于表演。歌剧院内还设有餐厅、咖啡馆和贵宾室。该建筑已被列入世界遗产名录。

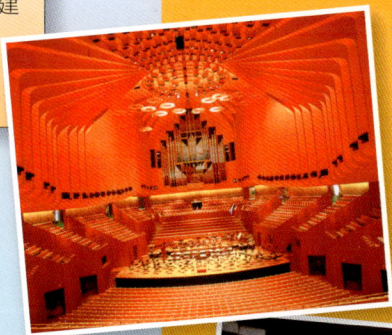

乌森

丹麦建筑师乌森和悉尼歌剧院工程的其他建筑师意见不合，导致工程进展缓慢。1966 年，乌森辞去了项目的负责工作。然而，1999 年，乌森却同意为建筑的一些改进项目担任设计。

主音乐厅

主音乐厅是最大的室内场地，共2679个座位，还有一个宽17米、高11米的演奏平台。

瓦片的建造

这些特制瓦片是从瑞典进口的。先在地面将这些瓦片组成面板，然后吊升到高处安装。

玻璃窗

墙面和天花板都是用法国制造的玻璃建造的。

歌剧院

歌剧院有1507个座位，乐池可容纳70名音乐家。舞台背后有两部电梯，用于从歌剧院下方的港区运送布景。

餐厅和咖啡馆

综合区有数个餐厅和咖啡馆，还有几家酒吧。最著名的就是获建筑设计大奖的贝尼朗餐厅，在这个餐厅，可以看到悉尼港绚丽的美景。

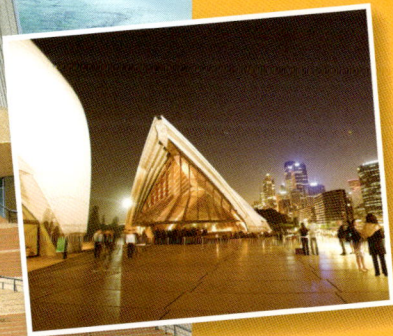

埃菲尔铁塔

埃菲尔铁塔是法国最著名的标志，每年有600多万人来此参观。铁塔建造于19世纪80年代，成为1889年巴黎世界博览会上一道亮丽的风景线。设计师古斯塔夫·埃菲尔同时也是工程师，他之前还协助建造过自由女神像。

1887年12月7日

铁塔由18 000个零件构成。这些零件首先在巴黎市郊的工厂里生产出来，然后被运送到施工地点组装。1887年12月7日，一楼大梁的组装工作完成。

1888年5月2日

工人们依靠木质脚手架和安装于塔顶的蒸汽起重机将铁塔组装起来。铁塔越"长"越高，蒸汽起重机也随之升高，最终蒸汽起重机被用作铁塔的电梯。

1888年9月3日

制造所有零件只花了5个月，而把它们组装起来却花了21个月。铁塔于1889年3月31日竣工。并非每个法国人都赞成建造铁塔，很多人抗议，认为它外形"丑陋"。

高耸入云

埃菲尔铁塔高324米，差不多和一幢81层的大楼相当。有电梯运送游客到塔顶，喜欢攀登的游客也可以沿着1 665级台阶拾级而上。

世界博览会

世界博览会是一项展示科技、工业、艺术和文化突出成果的公开展览。1889年，巴黎世界博览会在展览的 6 个月期间吸引了 2 800 万游客。

透过新建的埃菲尔铁塔的塔墩，巴黎机械博物馆的穹顶映入眼帘。

自由女神像

自1886 年起，自由女神像就屹立在纽约港的哈德逊河口附近。它是法国在 1876 年赠送给美国庆祝独立 100 周年的礼物。这座雕像由法国雕塑家弗雷德里克·奥古斯特·巴托尔迪设计。

台阶

有354级台阶的螺旋阶梯直通雕像王冠上的瞭望台。不想攀登的游客也可以乘电梯。

支撑框架

内部的钢铁骨架由设计过埃菲尔铁塔的古斯塔夫·艾菲尔设计。

基座

承载雕像的基座由花岗岩砌成。

自由女神像

从基座顶部到火炬顶部，整个自由女神像高46米。

建造

自由女神像在法国建造，然后分装成 200 多箱，再用轮船运送到美国组装。

设计师弗雷德里克·奥古斯特·巴托尔迪（右二）视察雕像的建造情况。

照耀世界

雕像的正式名称是"自由女神铜像国家纪念碑",雕像所坐落的自由岛原名白德路岛,附近即是爱丽丝岛,1892年到1954年期间,赴美移民就在这个岛上等候签证。

火炬与王冠

火炬是光明的象征,王冠的七个尖角代表七大洲。女神左手所持的法典上刻有美国独立日——1776年7月4日。

拉什莫尔山

这 座花岗岩山位于美国南达科他州，山体上雕刻着美国四位著名总统的头像，这里就是美国拉什莫尔山国家纪念公园。拉什莫尔山巨像每年吸引 200 多万游客，它是由美国雕刻家古松·博格勒姆创作的。1927 年~1941 年，几百名工人参与了雕刻。雕刻的头像高达 18 米。

选址

在南达科他州巨大的山岩上雕像的想法来自一位当地的历史学家多恩·罗宾逊。他想雕刻当地的名人，选择的是另外一座山。古松·博格勒姆否定了罗宾逊选择的地点和人物。

托马斯·杰斐逊

托马斯·杰斐逊是美国第三任总统。他起草了《独立宣言》，宣告了一个独立国家的建立。他还于1803年从法国人手中购得路易斯安那殖民地，将国家的领土面积扩大了一倍。

乔治·华盛顿

美国第一位总统是乔治·华盛顿。他领导殖民地人民在独立战争中抗击英军。他对国家的重要贡献使得他能够位居这座山上最显要的位置。

西奥多·罗斯福

20世纪初，第26任总统西奥多·罗斯福在任期间，美国成为了世界上最强大的国家。

亚伯拉罕·林肯

第16任总统亚伯拉罕·林肯在美国内战期间成功维护了国家的统一。他的另一个重要功绩是废除奴隶制。林肯也是第一位被刺杀的美国总统。

建造

在建造工作开始前，必须造一条通向山顶的阶梯。每天早晨，工人们需要爬上700多级台阶报到上班。

爆破岩石

安装炸药棒和爆破岩石是这项工程的重要工作。电钻用来雕刻面部特征，打钻的过程被称作"做蜂窝"，因为钻出的洞形成的图案很像蜂窝。

艰苦的工作环境

约400名工人参与建造这一不朽之作。很多工人在一个固定于粗钢索的筐子里作业，沿着152米高的山体向下滑行。

拱门建造过程

尽管早在 1947 年就完成了设计，但直到 1963 年，圣路易斯拱门才真正开始兴建。建造拱门和地基一共使用了 4 500 吨钢材和 34 000 吨混凝土。拱门是中空的，中间可以运行缆车。

临近竣工

1965年11月1日，最后一块拱顶石吊升安装到位。每块石头重达9吨。

精度

拱门的两条"腿"是分别建造、后来拼接起来的。测量必须十分精确，否则无法准确对接。

圣路易斯拱门

坐落于美国密苏里州圣路易斯市的拱门是美国最高的人造纪念碑。建造拱门是为了向美国总统托马斯·杰斐逊致敬，也是为了纪念圣路易斯市在美国国土向西扩张过程中所起的关键作用。它是由建筑师萨里恩设计的，建造过程耗时两年半。

完美的曲线

拱门的外形是一条悬链线和一条自由悬挂的链条形状一致。它高达192米，两条"腿"分毫不差，都是1 076级台阶。

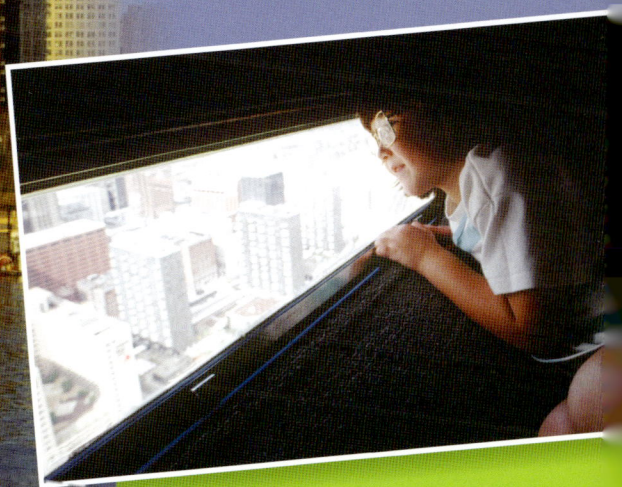

从内部远眺

游客们可以从拱门里远眺圣路易斯市。拱门每年要遭受数百次雷击，但顶部安装的避雷针使得拱门安然无恙。

摩天大楼

高耸入云的高层建筑被称作摩天大楼。最早的摩天大楼可追溯到 19 世纪 80 年代，位于美国的芝加哥和纽约。在此之前，建造高大、安全大楼的技术还未成熟。由于人口密集，居民和企业需要更多的空间用于生活和工作，因此这两个城市成为修建摩天大楼的绝佳地点。

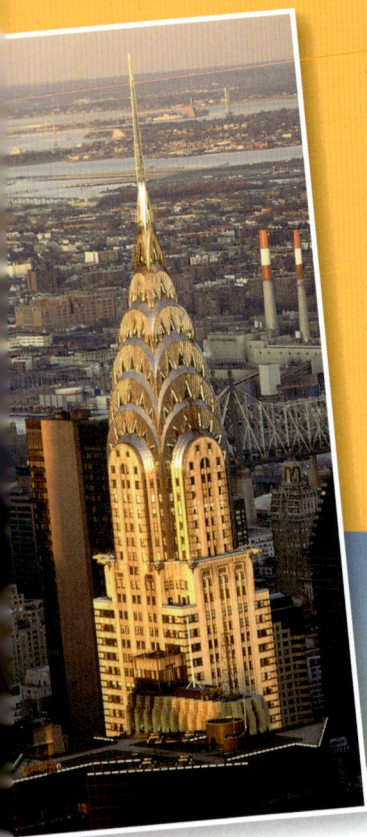

台北101大楼

2004年~2010年的世界第一高楼是中国台湾台北市的台北101大楼。从地面到它的尖顶顶端，高508米；从地面到最高的实用楼层则高438米。

克莱斯勒大厦

作为装饰派艺术风格的最佳典范之一，坐落于纽约市的克莱斯勒大厦于1930年启用。它保持世界第一高楼的记录达一年之久，直至帝国大厦被启用。

迪拜哈利法塔

位于阿联酋迪拜的哈利法塔在2010年成为世界第一高楼。建设施工时，它被称为"迪拜塔"。塔高828米，电梯上升速度为每秒18米。

帝国大厦

1931年~1972年，纽约帝国大厦是世界第一高楼。令人称奇的是，帝国大厦的建成仅用了1年零45天，差不多平均每周建4层。大厦共有1860级台阶。

瑞士再保险公司伦敦总部大楼

该楼由于奇特的外形，被称为"腌黄瓜"。这座大楼的设计可以使大楼内部获得更多自然光，尽量减少使用人造光。尽管大楼外形是弧形的，但弧形的玻璃仅有一块。

吉隆坡双子塔

竣工于1998年的吉隆坡双子塔坐落于马来西亚吉隆坡市，是世界上最高的双子大楼。设计师深受伊斯兰几何图案和建筑风格的影响。双子塔代表着马来西亚的文化和未来。

现代奇观时间表

世界上的各大城市和它们一个世纪以前的面貌已经大不相同了。这得益于技术的进步，也得益于人们新奇的创意。现代建筑物当中，有的令人赏心悦目，有的则更具实用价值。

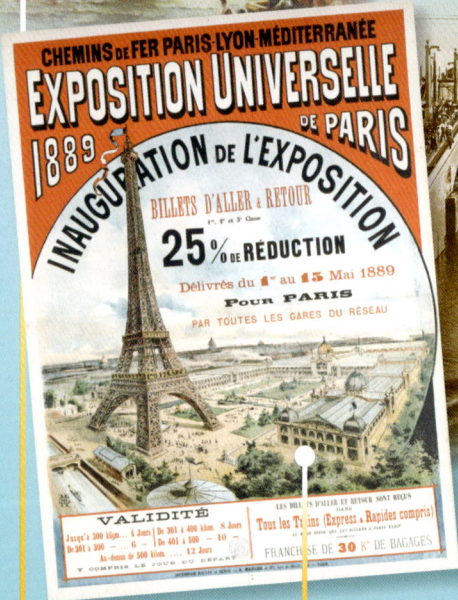

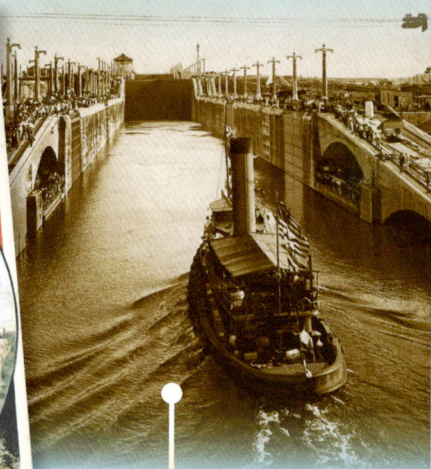

1886年

1886年10月28日的纽约港，自由女神像揭幕。现场飘扬着法国和美国国旗，代表着雕像的来源地和目的地。

1889年

1889年巴黎世界博览会的宣传海报以新建成的埃菲尔铁塔为主要宣传内容，铁塔是博览会上的一大亮点。自那时起，埃菲尔铁塔就成为法国最著名的标志。

1914年

1914年8月15日，巴拿马运河通航。从此，来往于大西洋和太平洋的船只再也不用绕道南美洲最南端——合恩角。

1931年

帝国大厦位于美国纽约第五大道和第三十四大道，是一幢102层的摩天大楼。1931年大楼建成时，在周围建筑物的衬托下它格外醒目。

1941年

拉什莫尔山位于美国南达科他州，山体上雕刻有四位美国总统的肖像。自1941年雕像揭幕之日起，拉什莫尔山就成为美国最具吸引力的景点之一。

1965年

位于密苏里州圣路易斯市密西西比河畔的拱门竣工于1965年。设计人员将它设计为纪念碑，以纪念圣路易斯市在美国西进运动中所起的重要作用。

1973年

1973年，英国女王伊丽莎白二世主持了澳大利亚悉尼歌剧院落成典礼。建造歌剧院花了15年时间。

1994年

英法海底隧道第一次把英法两国连接起来。1994年5月6日，英国女王伊丽莎白二世和法国总统密特朗主持了隧道通车典礼。

打造你自己的建筑

聪明绝顶的人们设计建造了超乎人类想象的建筑，在见识了这一切之后，该轮到你来开动大脑啦。

做些什么呢?

1 想想你的建筑是用来干什么的：
它好看吗?
它可以把两个地方连接起来吗?
它是用来纪念某件事或者某个人吗?
它是最高、最大的一类建筑吗?

2 想想该在哪儿建造你的建筑呢:
在你家附近吗?
在本国还是在国外?

3 发挥你的想象力，开始画画吧。

4 画好你的建筑后，可以用硬纸板、胶水、剪刀把它制作出来。

所需物品:
- ☑ 纸
- ☑ 铅笔
- ☑ 尺
- ☑ 硬纸板
- ☑ 胶带或胶水
- ☑ 剪刀

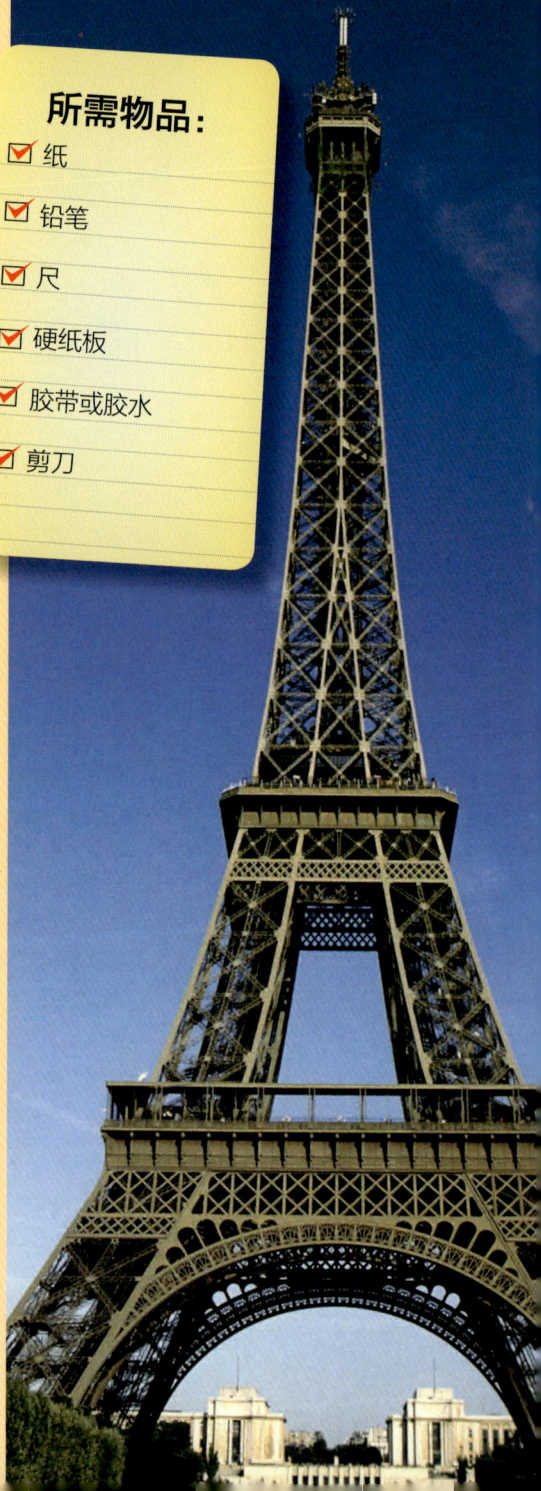

知识拓展

人造的 (artificial)
人工制造的，不是天然的。

爆破 (detonating)
用炸药炸开。

大梁 (girder)
用于支撑建筑的横梁（一般用钢材、木材或石材制成）。

水电 (hydroelectric)
指利用流水的动力产生的电。

拱顶石 (keystone)
用于紧扣拱形结构的楔形石头。

船闸 (lock)
航道中通过升降水位来升降船只的装置。

养护 (maintenance)
维修。

基座 (pedestal)
承载雕像的基础。

脚手架 (scaffolding)
由柱子、横木和平台搭建的装置，用于承载在高处工作的施工人员。

皂石 (soapstone)
一种质地偏软的岩石，主要成分为云母。

跨度 (span)
某物体两端之间的距离。

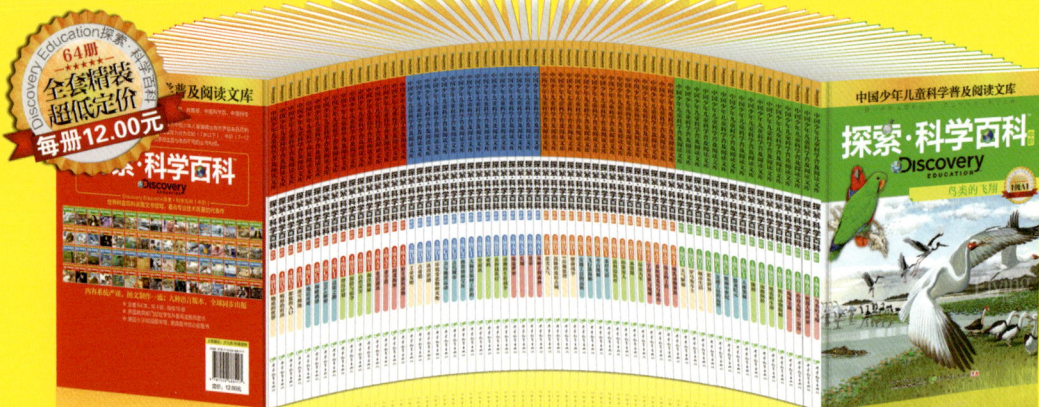

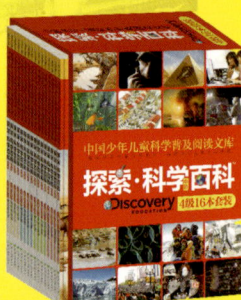